BEI GRIN MACHT SICH IHR WISSEN BEZAHLT

- Wir veröffentlichen Ihre Hausarbeit,
  Bachelor- und Masterarbeit

- Ihr eigenes eBook und Buch -
  weltweit in allen wichtigen Shops

- Verdienen Sie an jedem Verkauf

Jetzt bei www.GRIN.com hochladen
und kostenlos publizieren

Michael Dienst

Phänomenologie der strömungsmechanischen Wirbelspule bei Doppeldeckern

GRIN Verlag

Bibliografische Information der Deutschen Nationalbibliothek:

Die Deutsche Bibliothek verzeichnet diese Publikation in der Deutschen National-
bibliografie; detaillierte bibliografische Daten sind im Internet über http://dnb.d-
nb.de/ abrufbar.

Impressum:

Copyright © 2014 GRIN Verlag GmbH
Druck und Bindung: Books on Demand GmbH, Norderstedt Germany
ISBN: 978-3-656-71435-4

Dieses Buch bei GRIN:

http://www.grin.com/de/e-book/278670/phaenomenologie-der-stroemungsmecha-
nischen-wirbelspule-bei-doppeldeckern

Phänomenologie der strömungsmechanischen Wirbelspule bei Doppeldeckern
Mi. Dienst, Berlin im Sommer 2014

Leider sind Doppeldecker ein wenig aus der Mode gekommen. Dies, obwohl sie mit einigen Vorteilen aufwarten gegenüber den so genannten Eindeckern, den (für unsere modernen Auffassungen) Normalflugzeugen. Als Doppeldecker werden Flugzeuge bezeichnet, bei denen zwei vertikal gestaffelte Tragflächen den zum Fliegen notwendigen Auftrieb erzeugen. Die Tragflächen können bei gleichem Auftrieb im Auslegungspunkt sehr kompakt konzeptioniert werden. Wenn die Tragflächen miteinander verstrebt sind, dies ist die übliche, mechanisch feste Konfiguration, ist mit erheblichen strömungsmechanischen Widerständen zu rechnen. Als den entscheidenden Nachteil aber bringen die modernen Flugzeugbauer jedoch die gegenseitige Beeinflussung des Luftstroms beider Einzeltragflächen in die Diskussion. Demnach sind einzelne Tragflächen der Doppeldeckerkonfiguration aerodynamisch überlegen und dies gilt als Ursache dafür, weshalb man seit den 30er Jahren beim Bau von Hochleistungsflugzeugen vollständig zu Eindecker-Konstruktionen überging. Doppeldecker sind, von Kuriositätenshows abgesehen, vollständig aus dem Blickfeld des laienhaften Betrachters verschwunden.

Eine Ausnahme bildet die wunderschöne *Pitts Special*[1], ein Kunstflugdoppeldecker der von Curtis Pitts (1915–2005) entwickelt wurde und bis heute in kleiner Stückzahl von Aviat Aircraft in Afton (Wyoming, USA) hergestellt wird; eine Konstruktion in traditioneller Gemischtbauweise mit geschweißtem Stahlrohrrumpf und Holztragflächen. Pitts begann mit den Entwurfsarbeiten für die Ur-Version der „*Special*" bereits 1942. Der Erstflug fand 1945 mit einem Motor statt, der gerade einmal eine Leistung von 56 PS hatte. Die Maschine sollte kompakt aber leicht sein; das Leergewicht der ersten *Pitts Special* betrug 227 kg. Die rezente zweisitzige Version S2C[2] wird heute von Motoren bis zu 264 PS angetrieben. Bei einer Spannweite ca. 6 m erreicht die Maschine dann eine Geschwindigkeit von 260 km/h. Als Tragflächenprofil wird für die frühe *Pitts Special* in unterschiedlichen Literaturquellen übereinstimmend das „symmetrische Profil Munk6" angegeben; wobei es sich hier wahrscheinlich aber um einen Übersetzungs- oder Übertragungsfehler handelt (der Autor). Eine Recherche einschlägiger Datenbestände in denen auch historische Profile geführt werden zeigt erwartungsgemäß und glücklicherweise, dass es sich bei dem Profil NACA M6[3] (Munk6) um ein klassisches, nichtsymmetrisches S-Schlagprofil handelt, welches identisch ist mit dem Profil GOE 677. Gemeint war in der Literatur wohl die Anordnung „gleicher"

---

[1] Pitts Special: Sportflugzeug, Doppeldecker, Entwurfsland : USA, Hersteller: Curtis Pitts, Aviat Aircraft, Produktionszeit: 1945 bis heute, Stückzahl ca. 650.
http://commons.wikimedia.org/wiki/File:Pitts_S1_Special_09-2009.jpg
[2] Technische Daten S2C: Spannweite: 6,10 m, Länge: 5,41 m, Höhe: 1,94 m, Tragflügelfläche: 11,61 m², Standardtriebwerk: Avco Lycoming IO-360-A1A mit 150 kW (203 PS), Höchstgeschwindigkeit: 253 km/h.
[3] NACA M6 (m6il): thickness: 12% at 30% chord, Max camber 2.2 at 30 % chord.
http://aerospace.illinois.edu/m-selig/ads/coord_database.html

Tragflügelprofile für beide Doppeldeckertragflächen. Eine Variante mit nichtgleichen Tragflügelprofilen wurde dann später von Curtis Pitts patentiert. Bemerkenswert in diesem Zusammenhang ist, dass es sich für die Tragflügel der *Special* um eine Kombination von Tragflächenprofilen handelt, bei denen die obere Tragfläche (ebenfalls erwartungsgemäß) immer früher in den Stallzustand fährt als die untere, egal ob das Flugzeug sich im Normal- oder im Rückenflug befindet (.... *and the wings have symmetrical airfoils. The upper and furthest forward wing uses an airfoil that stalls first, whether the plane is upright or inverted...*). Auch dies mag auf "symmetrische" Eigenschaften der ausgewählten Profile hindeuten. Das Profil NACA Munk6 ist kein Hochleistungsprofil, aber es erreicht einen soliden Auftriebsbeiwert von C_L= 1,6 bei einem Stallwinkel von a_{ST} = 16° sofern die Anströmgeschwindigkeiten[4] nicht allzu hoch sind.

Recherchiert man als Laie und Nichtflieger Doppeldeckerflugzeuge, kommt man um den Eindruck nicht umhin, dass diese Fluggeräte entweder affektiert geliebt oder grundsätzlich verabscheut werden; es existiert quasi kein leidenschaftsloser Zwischenbereich. Polarisierung ist sogar in der Modellbauerszene spürbar. Wir wollen an dieser Stelle nun nicht spekulieren, warum dies so ist und schon gar nicht von fehlerkannten Qualitäten der Doppeldeckerkonfiguration sprechen und obwohl es darüber hinaus als eher unpassend erscheint, nehme ich den Aufsatz zum Anlass mich, erstens den unglücklich verliebten Doppeldecke-Fans zuzuordnen und zweitens ein weiteres bibliographisches Quellengespenst anzusprechen, das unter dem geheimnisvollen Begriff „Doppeldecker-Trick[5]" in der Literatur herumgeistert. Zunächst einmal ist es korrekt, dass – rein formal – die zum Fliegen erforderliche Auftriebskraft unabhängig ist von Konfiguration, Anordnung und Zuschnitt der Tragflächen. Da sorgt sowohl für unglückliche als auch vorteilhafte Arrangements; je nachdem. Vergleicht man in oben vertretenem Sinne Tragflächen gleicher Flächenbelastung und Spannweite, was auf eine doppelte Profiltiefe hinweist (Fläche, Tiefe und Seitenverhältnis (Flügel) $\lambda[-]$ =A/b^2), miteinander hinsichtlich des vom Auftrieb (Lift L [N] = c_a · A · v^2 · $\rho/2$) abhängigen und Randwirbel induzierten Wiederstand (induzierter Widerstand[6] $c_i = \lambda \cdot c_a^2/\pi$) so zeigt sich rein formal-mathematisch, dass die Doppeldeckerkonfiguration genau nur die Hälfte, also zweimal den vierten Teil $(2 \cdot (1/2)^2 = 2 \cdot (1/4) = 0,5)$ des Wertes der ungeteilten Tragfläche annimmt. Die Argumentation ist keineswegs falsch, doch assoziiert der geneigte Leser unmittelbar den sechs- oder Siebendecker ($W_i \sim 0,14 = 7 \cdot (1/7)^2$) mit rasch abfallendem induziertem Widerstand für eine Gestaltung in der Art einer Jalousie-Tragfläche. Derartige Konstruktionen[7] hat es – allerdings aus anderen Bewegursachen – durchaus gegeben, doch sind sie aus unserem Überlieferungs-Bewusstsein nahezu restlos verschwunden. Vielleicht funktionierten sie auch nicht so gut. Ich werde weiter unten zeigen, dass es durchaus gute, wenn auch anders geartete Gründe dafür gibt, zwei oder drei Tragflächen der Auftrieb- und insbesondere Querkrafterzeugung noch einmal vor dem

---

[4] Mit einem Tragflügel-Schlankheitsgrad der Pitts Special von $\lambda \sim 2$, Fluggeschwindigkeit: {100< v [km/h] <150} folgt ein Reynolds-Bereich: { $2.0 \, 10^6$ < Re [-] < $2.5 \, 10^6$ }

[5] Prof. Dr. Thomas Speck, Botanik: Funktionelle Morphologie und Bionik, Direktor Botanischer Garten, Dr. Olga Speck, Kompetenznetz Biomimetik, www.bionik-vitrine.de.

[6] gemäß elliptischer Auftriebsverteilung nach Prandtl.

[7] Horatio Frederick Phillips baute 1907 ein Fluggerät, das aus 200 Mehrebenentragflächen mit einem 20 PS Motor bestand und führte den ersten bemannten Motorflug in Großbritannien am 6. April 1907 durch. Er erreichte eine Flughöhe von 500 Fuß (150 m). Die Fluggeschwindigkeit betrug 30 mph (48 km/h). Die Royal Aeronautical Society veröffentlichte im Jahre 1907 die Berichte über die Arbeiten von Phillips.
http://de.wikipedia.org/wiki/Horatio_Frederick_Phillips

Hintergrund der avisierten Übertragung historischer Technik in Zukunftstechnologien anzudenken.

In diesem Aufsatz möchte ich keinen Falls Flugzeugtragflächen auslegen oder Doppeldecker-flugzeuge konfigurieren. Vielmehr geht es mir um grundsätzliche Überlegungen zu diesen eigenartigen Querkraft- und Auftriebssystemen. Gleichsam sind dem Theorieteil vorangestellte eigenständige Handrechnungen des Lesers für die nachfolgende Argumentation durchaus hilfreich, so dass ich dem eigentlichen Kern meiner Ausführungen einige grundlegende Gleichungen der Fluidmechanik, speziell der Querkraft erzeugenden Kraft- und Arbeitstragflächen voranstelle. Legen wir uns ein erstes Instrumentarium aus Größen, spezifischen Bezeichnungen und ersten Grundgleichungen zurecht, ist es nützlich, den Handrechnungen eine Dimensionsanalyse zur Seite zu stellen. Betrachten wir zunächst die Grundeinheiten Länge, Zeit und Masse und unmittelbar abgeleitete Größen:

Symbol	Einheit	Größe	Dimension
L	[m]	Länge	L
t	[s]	Zeit	T
M	[kg]	Masse	M
A	[m^2]	Fläche	L^2
V	[m^3]	Volumen	L^3
v	[m s^{-1}]	Geschwindigkeit	$L\,T^{-1}$
F, L, R	[N]	Kraft (Lift, Widerstand)	$M\,L\,T^{-2}$
E, W	[Nm], [kg m^{2}s^{-2}], [J]	Energie, Arbeit	$M\,L^2\,T^{-2}$
P	[Nm s^{-1}], [kg m^2 s^{-3}], [W]	Leistung	$M\,L^2\,T^{-3}$
ρ	[kg m^{-3}],	Dichte	$M\,L^{-3}$

Für die Partialwiderstände an einem angeströmten Tragflügel gelten die Proportionalitäten:

R_F Formwiderstand (Druckwiderstand) aufgrund der Umströmung der Körperkontur (benetzte Oberfläche).   Formwiderstand $R_F \sim (v^2, V)$
(Wirkung der Druckverteilung an einem umströmten Körper. Bestimmbar durch Integration über die gesamte Körperoberfläche; unter Berücksichtigung der Kraftkomponente in Anströmrichtung [Her-04]. Abhängigkeit von der Geschwindigkeit v des Systems und dem verdrängenden Volumen V).

R_O Widerstand aufgrund der Reibung an der benetzten Körperhülle.
     Oberflächenwiderstand: $R_O \sim (v^2, A)$
(Wirkung der Wandschubspannung an einem Strömungskörper. R_O ist bestimmbar durch Integration über die gesamte Körperfläche unter Berücksichtigung der Kraftkomponente in Anströmrichtung [Her-04]. Abhängigkeit von der Geschwindigkeit v, der Viskosität des Mediums und der benetzten Oberfläche A des Systems).

R_I Induzierter Widerstand aufgrund fluiddynamischer Auftriebs- und Querkräfte.
     Induzierter Widerstand $R_I \sim (v^{-2}, L^2)$
(Wirkung der durch dynamischen Auftrieb oder Querkraft generierten Randwirbel. Abhängig von der Geschwindigkeit $1/v^2$ und der Tiefe L^2 der fluidmechanisch wirksamen Bauteile).

Strömungsfeld

Geschwindigkeit in [m/s],	v, w	$[\text{ms}^{-1}]$
Wegstrecke	s	[m]
Anstellwinkel (scheinb. Strömung)	α	[°]

Tragflächengeometrie

Tragflügellänge	b	[m]		
Profiltiefe	t	[m]		
überströmte Fläche des Flügels	A	$[\text{m}^2]$	A	$= b \cdot t$
Seitenverhältnis (Flügel)	λ	[-]	λ	$= A/b^2$
Profildicke	d/t	[%]		
Profilwölbung	f/t	[%]		
Wölbungsrücklage	xf/t	[%]		

Kräfte, Energie

Auftrieb, Querkraft, Lift	L	[N]	L	=	$c_a \cdot A \cdot v^2 \cdot \rho/2$
Spez. Flächenbelastung (Auftrieb)	f_L	$[\text{Nm}^{-2}]$	f_L	=	L / A
Formwiderstand	R_F	[N]	R_F	=	$c_w \cdot A \cdot v^2 \cdot \rho/2$
Reibungswiderstand	R_O	[N]	R_O	=	$c_r \cdot A \cdot v^2 \cdot \rho/2$
induzierter Widerstand	R_I	[N]	R_I	=	$c_I \cdot A \cdot v^2 \cdot \rho/2$
Widerstand des Volltauchers	R	[N]	R	=	$R_F + R_O + R_I$
Widerstandsarbeit	W	[J]	W	=	$R \cdot s$
Widerstandsleistung	P_R	[W]	P_R	=	$(W_F + W_O + W_I) \cdot v$
Liftleistung	P_L	[W]	P_L	=	$L \cdot v$

Beiwerte

Reibung: glatte Oberfläche, laminare Strömung	c_r	=	$1{,}327 \cdot (\text{Re})^{-1/2}$
Reibung: glatte Oberfläche, turbulente Strömung	c_r	=	$0{,}074 \cdot (\text{Re})^{-1/5}$
Reibung: raue Oberfläche, turbulente Strömung[8]	c_r	=	$0{,}418 \cdot (2+\lg(t/k))^{-2,53}$

induzierter Widerstand[9]	c_I	=	$\lambda\, c_a^2 / \pi$
Form: (Analyse)	c_F		
Lift, Querkraft (Analyse)	c_L, c_a		

Reynolds-Zahl[10]	Re	[-]	=	$v{\cdot}L / \nu$
	Re	[-]	=	$v{\cdot}L / \mu$

Die dargestellten Berechnungsgleichungen sind nun geeignet anhand von exemplarischen Tragflächenkonfigurationen zu zeigen, dass Arbeitstragflügel gleicher Fläche und spezifischer

---

[8] Angabe der Rauigkeit k in [m]. Es gilt als glatt: k= 0,001[mm] = 10^{-3} [mm] = 10^{-6} [m].

[9] gemäß elliptischer Auftriebsverteilung nach Prandtl.

[10]

Stoff	dyn. Viskosität μ	Dichte ρ	kin. Viskosität ν
	$[\text{kg}{\cdot}\text{s}^{-1}{\cdot}\text{m}^{-1}]$	$[\text{kg}{\cdot}\text{m}^{-3}]$	$[\text{m}^2{\cdot}\text{s}^{-1}]$
Luft	$18{,}1 \cdot 10^{-6}$	1,188	$15{,}24 \cdot 10^{-6}$
Wasser	$1{,}01 \cdot 10^{-3}$	$0{,}998 \cdot 10^3$	$0{,}1012 \cdot 10^{-6}$

Tragflächenbelastung auf betragsmäßig gleiche Auftriebs- und Widerstandskräfte führen, sofern wir nicht die durch das Auftriebsgebaren induzierten Widerstande betrachten. Hier sind die Schlankheitsgrade der Teiltragflächen von großem Einfluss und können glückliche Konfigurationen (siehe: Doppeldecker-Geister) oder ungünstige Verhältnisse annehmen. Immer jedoch bedeuten sie ein mehr oder ein etwas weniger an Verzehr der in das Tragflächensystem eingespeisten Antriebsleistung (Widerstand) je nachdem, wie geschickt der Doppeldeckerflügel konfiguriert ist. Hiergegen soll auch überhaupt nicht an-argumentiert werden. Die Kontrolle der durch das Auftriebsgebaren einer (oder mehrerer) Kraft- und Arbeitstragflächen induzierten Verluste ist für jeden Strömungsmechaniker ein in hohen Maße anspruchsvolles Unterfangen. Dennoch bleiben im Laborbetrieb relativ einfachfach darstellbare, auf der Wechselwirkung von Wirbeln basierende Strömungsphänomene in aller Regel unberücksichtigt. Der nachfolgend dargelegten, so genannten Wirbelspulen-Phänomenologie möchte ich eine Funktionshypothese der umströmten Doppeldeckertragfläche voranstellen.

Funktionshypothese:

> Tragflächen in Doppeldeckerkonfiguration können fluidmechanisch mit einander wechselwirken derart, dass die durch das Auftriebsgebaren der Einzeltragflächen stromabwärts abfließenden Randwirbel ein mantelförmiges Wirbelspulensystem generieren, das in seinem Kern einen beschleunigten Fluidmassenstrom, eine Jetströmung, induziert.

Nach Erörterungen zur Tragflügeltheorie, die auch Hinweise zu Doppeldeckerkonfigu-rationen enthalten, werden anschließend einige Überlegungen ausgeführt, die geeignet erscheinen die oben angeführte Funktionshypothese zu stützen. Die Theorie der fluidmechanischen Wirbelspule ist Teilgebiet einer verallgemeinerten Feldtheorie. Die nachfolgenden Ausführungen können experimentelle und numerisch-analytische Untersuchungen zu fluidmechanische Wirbelspulen an Doppeldeckerkonfigurationen kontextuell ergänzen.

Zur Tragflügeltheorie. Auf der Grundlage der Tragflügeltheorie erster Ordnung behandelt Prandtl[11] in [Pra-19] zunächst die Aufgabe Geschwindigkeitskomponenten an einem Aufpunkt einer Strömung zu ermitteln, die von der Strömungsenergie einer „tragenden Linie" mit gegebener Auftriebsverteilung herrührt. Mittels der „Theorie der tragenden Linie" lassen sich Gleichungen für den Widerstand einer Tragflügelkonfiguration aus zwei Flügeln (Flügel 1 und Flügel 2) finden, der dadurch entsteht, dass ein Flügel 1 unter dem Einfluss der Störung steht, die von einem in derselben (Quer-) Ebene befindlichen Tragflügel (Flügel2) ausgeht. Prandtls theoretische Überlegungen sowie Berechnungen seines Mitarbeiters Munk[12] zeigten, dass für vollständig symmetrisch gebaute Tragflügel (-elemente) der Widerstand, der am Flügel 2 durch die Gegenwart des Flügels 1 entsteht von derselben Größe sein muss.

Im Zuge der Untersuchungen zu Mehrdeckerkonfigurationen stellte sich heraus, dass es offenbar nicht darauf ankommt, dass die „zusammengefassten" tragenden Elemente (der

---

[11] Ludwig Prandtl (* 4. 2. 1875 in Freising; † 15. 8. 1953 in Göttingen) war Physiker und lieferte bedeutende Beiträge zum grundlegenden Verständnis der Strömungsmechanik Prandtl entwickelte die Grenzschichttheorie.
[12] Max Michael Munk (* 22. 10. 1890 in Hamburg[1]; † 1986) war ein deutsch-amerikanischer Aeronautiker.

generalisierte Auftriebsvektor einer Tragflächenkonfiguration) jeweils zu einem einzigen Tragflügel gehören. Greift man aus einem tragenden System in der Querebene (der wirkebene des generalisierten Auftriebsvektors) zwei beliebige Gruppen heraus, so ist derjenige Widerstandsanteil, den die Gruppe 1 durch das Geschwindigkeitsfeld der Gruppe 2 erfährt ebenso groß, wie derjenige von Gruppe 2 im Feld von Gruppe 1 [Pra-19]. Nach Ansicht Prandtls führt dies dazu, dass der Beitrag zum gegenseitigen Widerstand zweier untereinander befindlicher Tragflügel positiv ist, der von zwei nebeneinander befindlichen Tragflügeln dagegen negativ! Durch erste Anordnung wird also der Gesamtwiderstand gegenüber dem Zustand weit voneinander entfernter Flügel vermehrt, durch letztere vermindert. Zur Untersuchung des allgemeinen Falls (zweier benachbarter Tragflächen) wurde von Prandtl das Feld berechnet, das ein tragendes Element mitsamt dem (im Nachlauf der Tragfläche) abgehenden Wirbelpaar in irgendeinem Raumpunkt hervorbringt. Er zeigt, dass die Widerstandsanteile der beiden Flügel nur dann gleich sind, wenn beide Elemente (Tragflächen der Tragflügelkonfiguration) in derselben Querebene liegen. Seine theoretischen Überlegungen zeigen auch, dass die Summe der Widerstände gleich bleibt, wenn die beiden tragenden Gruppen (Flügel 1 und Flügel2) in Fahrtrichtung gegeneinander verschoben werden, also ihre Staffelung geändert wird. Munk konnte dieses Phänomen in seiner Göttinger Dissertation beweisen. Für unsere nachfolgenden Überlegungen vor dem Hintergrund der Wirbelspulenphänomenologie des Doppeldeckers ist die von Prandtl extrahierte Ursache der Unabhängigkeit des Gesamtwiderstands von der Staffelung der Tragflächen bedeutend, wonach die Widerstandsarbeit gleich der in der Wirbelbewegung hinter dem Tragwerk zurückgelassenen kinetischen Energie ist; es kommt also nur auf dieses Wirbelsystem selbst an, nicht auf die genauen Umstände, unter denen es erzeugt worden ist.

Phänomenologie der fluidmechanischen Wirbelspule. Nach der Tragflügeltheorie I hängt die Auftriebskraft einer umströmten Tragfläche alleine von der Zirkulation ab [Schl-67]. Überlagern sich an einem Strömungskörper (bei einer zweidimensionalen Modellvorstellung in der Profilebene des Strömungskörpers) ein translatorisches und rotatorisches Strömungsfeld, kommt es infolge der Zirkulation um diesen Körper zu Verzögerung der Strömung auf der einen und zu einer Beschleunigung der Strömung auf der anderen Seite. Nach der Bernoullischen Gleichung führt die Beschleunigung zu einer Druckminderung, die Verzögerung zu einer Druckerhöhung. Im Falle eines Tragflügels wird dies als Auftriebskraft spürbar. Für einen angeströmten, endlichen Tragflügel ist die Auftriebskraft elliptisch über den Auftrieb erzeugenden Körper verteilt. Infolge des Druckgradienten kommt es am materiellen Ende der Tragfläche zu einer Umströmung der Tragflächenkante. Im Nachlauf der Kantenumströmung bildet sich nun ein kompakter Wirbel aus, der in der Literatur als „durch den Druckgradienten induzierter Randwirbel" beschrieben wird. Der induzierte Randwirbel bindet einen erheblichen Anteil der zur Erzeugung der Auftriebskräfte des Systems aufgebrachten Energie. Der Wirbelzopf im Nachlauf einer Auftrieb erzeugenden Tragfläche ist sehr stabil. Windkanaluntersuchungen und numerische Strömungssimulationsrechnungen können das Umströmungsgebaren an den Enden Auftrieb erzeugender Strömungskörper visualisieren. Dabei zeigt sich, dass jeder durch das Auftriebsgebaren einer Tragflügelfläche induzierter Wirbelzopf hinsichtlich seiner Geschwindigkeitsverteilung in seinem Querschnitt kompakt ist und ein graduelles rotatorisches Fernfeld ausbildet. Bei einem Doppeldecker existieren zwei kompakte Wirbelzöpfe gleicher Drehrichtung und ähnlicher oder (in einem günstigen Fall) gleicher Intensität. Aufgrund der Fernfeldbeziehungen beginnen die Wirbelzöpfe im Nachlauf ihres Entstehungsortes um ein gemeinsames Zentrum zu rotieren und ein schraubenartiges Wirbelspulengebilde entsteht. Während die Wirbelzöpfe auf dem Mantel der Wirbelspule stromabwärts um eine gemeinsame zentrale Achse rotieren bildet sich innerhalb der Wirbelspule entlang des zentralen Stromfadens eine beschleunigte Strömung aus, die nach außen durch den Wirbelmantel begrenzt und geführt wird. Dieses als „Wirbelspuleneffekt" bezeichnete Phänomen wurde in den 70er und 80er Jahren des vergangenen Jahrhunderts durch messtechnische Untersuchungen belegt (Ingo Rechenberg, Technische Universität Berlin) und eine Theorie der Wirbelspule entwickelt. Die Strömung innerhalb der Wirbelspule ist intensiv; die Geschwindigkeiten können gegenüber der den Wirbelspuleneffekt hervorrufenden Flügelumströmung mehr als den dreifachen Wert annehmen. Windkanal-messungen zeigen, dass eine zu einer den Auftrieb generierende Tragflächen der kumulierten Tragflügeltiefe t erzeugte Wirbelspule stromabwärts weit hinweg stabil existiert und über die gesamte Distanz einen intensiven Strömungsjet produziert. Das Geschwindigkeitsniveau der Innenströmung kann derart ansteigen, dass aufgrund der Druckabnahme im Jet (Bernoulli-Gleichung, Kontinuität) die umhüllende Mantelströmung implodieren kann und die den Effekt tragende Wirbelspule ihre schraubenförmige Struktur verliert.

Geschwindigkeitsbeiträge im Strömungsfeld. Die zu einem Wirbelfaden gehörige Strömung ist, bis auf den Wirbelfaden selbst wirbelfrei. Ist der Wirbelfaden gerade, entspricht dies einem Potentialwirbel. Eine Wirbelströmung kann durch das Geschwindigkeitsfeld beschrieben werden und eine Wirbelströmung kann durch das Wirbelfeld beschrieben werden. Geschwindigkeitsfeld und Wirbelfeld hängen zusammen. In diesem Zusammenhang taucht das aus der Feldtheorie stammende und in der Elektrodynamik geläufige Gesetz von Biot uind Savart auf. Ist das Geschwindigkeitsfeld bekannt, kann man daraus das Wirbelfeld Berechnen. Die Differentiation des Geschwindigkeitsfeldes (Bildung der Rotation) ist das Wirbelfeld. Gleichsam kann man das Geschwindigkeitsfeld aus dem Wirbelfeld berechnen. Die Integration des Wirbelfeldes ist das Geschwindigkeitsfeld. Die Integration des Wirbelfeldes entspricht dem Gesetz von Biot und Savart.
Mit Zirkulation Γ bezeichnet man die Stärke eines (beispielsweise um eine Tragfläche kreisenden) Wirbels, bzw. des Ringintegrals der Zirkulationsgeschwindigkeit v_Γ über die Weglänge s_Γ. Bei einem so genannten starren Wirbel herrscht eine konstante Winkel-geschwindigkeit ω_W und an einem beliebigen Abstand r die Tangentialgeschwindigkeit v_{TW}.

Aus der Integration des Linienintegrals folgt:

Zirkulation	$\Gamma = v_\Gamma\, s_\Gamma$	$[m^2 s^{-1}]$
Zirkulationsgeschwindigkeit	v_Γ	$[ms^{-1}]$
Weglänge	s_Γ	$[m]$
Winkelgeschwindigkeit	ω_W	$[s^{-1}]$
Tangentialgeschwindigkeit	$v_{TW} = r\,\omega$	$[ms^{-1}]$

Man unterscheidet weiterhin Potentialwirbel, sie besitzen einen Geschwindigkeitsgradient im ferneren Feld (Peripherie) und Rankine-Wirbel, die als Superposition (Überlagerung) von starrem Wirbel (Kern) und Potentialwirbel (Peripherie) gesehen werden kann. Mit der Zirkulation (Ringintegral der Zirkulationsgeschwindigkeit über die Weglänge s kann die

Auftriebskraft F_A eines Flügels mit der Spannweite b angegeben werden und es entsteht eine handliche Formulierung der Zirkulation um einen Tragflügel. Nach Kutta-Joukowski[13] folgt:

Auftrieb (Lift) $\quad\quad F_A = \Gamma \cdot \rho \cdot v \cdot b \quad\quad$ [N] aus [m^2 s^{-1} kg m^{-3} m s^{-1} m], [kg m s^{-2}]

es gilt: $\quad\quad\quad\quad\quad F_A = c_L \cdot A\,½ \cdot \rho \cdot v^2 \quad$ [N] aus [m^2 kg m^{-3} m^2 s^{-2} m], [kg m s^{-2}]

und: $\quad\quad\quad\quad\quad\quad \Gamma \cdot \rho \cdot v \cdot b = c_L \cdot A\,½ \cdot \rho \cdot v^2$

Zur Zirkulation um einen Tragflügel:

$$\Gamma = \rho \cdot v \cdot b = c_L \cdot A\,½ \cdot \rho \cdot v^2 \,/\, \rho \cdot v \cdot b = c_L \cdot A\, v \,/\, 2 \cdot b \quad [\mathrm{m^2\,s^{-1}}]$$

Zirkulation	Γ	[m^2 s^{-1}]
Dichte	ρ	[kg m^{-3}]
Fluidgeschwindigkeit (Fernfeld)	v	[m s^{-1}]

Zirkulation auf einer Kreisbahn: $\quad \Gamma \quad = \omega\, 2\,\pi\, r^2 \quad$ [m^2 s^{-1}]

Zirkulation	Γ	$= v_\Gamma\ s_\Gamma$	[m^2 s^{-1}]
Winkelgeschwindigkeit	ω		[s^{-1}]
Infinitisimaler Winkel	$d\beta$		[°, rad]
Mit Ringintegral (über Kreis)	I ds	$= 2\,\pi\, r$	[m]
Tangentialgeschwindigkeit	v_T	$= r\,\omega$	[ms^{-1}]
Zirkulation um Kreis:	Γ	$= \omega\, 2\,\pi\, r^2$	[m^2 s^{-1}]

Zur Untersuchung zunächst ebener und wirbelfreier Strömungen, klären wir die kinematischen Begriffe Wirbelstärke und Zirkulation. Die Rotation der Geschwindigkeit $\underline{v}$ ist die Wirbelstärke $\underline{\Omega}$

$$\Omega = \mathrm{rot}\ \underline{v} \quad\quad .. \text{ mit den Komponenten} \quad \Omega i = e_{ijk}\, (\delta v_k)/(\delta x_j)$$

Strömungen, in denen die Wirbelstärke verschwindet, heißen wirbelfreie Strömungen oder Potentialströmungen. Strömungen, in denen die Wirbelstärke von Null verschieden ist, heißen wirbelbehaftete Strömungen oder Wirbelströmungen. In wirbelbehafteten Strömungen bilden die Geschwindigkeit und die Wirbelstärke ein Vektorfeld. Die Wirbellinie im Feld der Wirbelstärke ist eine Analogie zur Stromlinie im Geschwindigkeitsfeld. Die Wirbellinie ist eine Kurve, die in jedem Punkt den Vektor der Wirbelstärke tangiert. Die Zirkulation Γ ist das Kurvenintegral der Geschwindigkeit längs einer geschlossenen Kurve im Strömungsfeld

$$\Gamma = \int \underline{v}\, dx \quad\quad .. \text{ mit den Komponenten:} \quad \Gamma = \int v_i\, dx_i$$

Der Satz von Stokes[14] besagt nun, dass das Flächenintegral der Wirbelstärke Ω über eine Fläche A ist gleich der Zirkulation Γ längs ihrer Randkurve x ist. Für einen Volumenstrom

---

[13] Der Satz von Kutta-Joukowski beschreibt die Proportionalität des dynamischen Auftriebs zur Zirkulation.

[14] Der Satz von Stokes ist ein nach Sir George Gabriel Stokes benannter Satz aus der Differentialgeometrie. In der allgemeinen Fassung handelt es sich um einen Satz über die Integration von Differentialformen.

durch eine beliebige Fläche gilt immer $V = \int \underline{v} \, d\underline{A}$. Für eine Zirkulation längs einer beliebigen geschlossenen Kurve gilt immer: $\Gamma = \int \underline{\Omega} \, d\underline{A}$.

$$\Gamma = \quad \int \underline{v} \, dx = \qquad \int \underline{\Omega} \, d\underline{A} \quad \text{oder komponentenweise}$$
$$\Gamma = \quad \int \underline{v}_i \, dx_i = \qquad \int \underline{\Omega}_i \, dA_i$$

Satz: Die Wirbelstärke im Quellpunkt Q im Geschwindigkeitsfeld induziert im Aufpunkt P (dieses Geschwindigkeits-feldes) einen Teil der dortigen Geschwindigkeit. Die Geschwindigkeit im Aufpunkt P ist die Summe der Induktionswirkungen aller Quellpunkte des Strömungsfeldes. Quellpunkte sind die Punkte, an denen die Wirbelstärke nicht verschwindet.

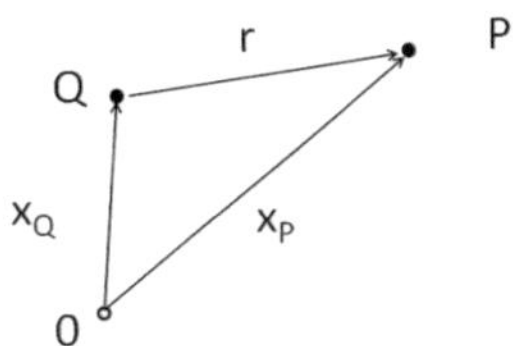

Für einen beliebigen Punkt im dreidimensionalen Strömungsfeld ist $\underline{x}_Q$ der Vektor zu einem Quellpunkt Q und $\underline{x}_P$ der Vektor zu einem Aufpunkt P. Der Vektor $\underline{r}$ vom Quellpunkt Q zum Aufpunkt P ist damit

$$\underline{r} = \underline{x}_P - \underline{x}_Q$$
$$r = \left((x_P - x_Q)^2 + (y_P - y_Q)^2 + (z_P - z_Q)^2 \right)^{1/2}$$

Berechnen wir nun die Komponenten des Geschwindigkeitsvektors $\underline{v}_P \{v_{xP}, v_{yP}\}$ im Aufpunkt P für den zweidimensionalen für einen konkreten Fall. Die Geschwindigkeit soll von einem (unendlich langen, geraden) Wirbelfaden im Quellpunkt Q mit den Koordinaten (x_Q, y_Q) im Aufpunkt P mit den Koordinaten (x_P, y_P) induziert werden. Im Quellpunkt Q wird die Zirkulation Γ angegeben. Für die induzierte Geschwindigkeit $\underline{v} = \Gamma / 2\pi r$

Der Ortsvektor $\qquad\qquad\qquad\qquad \underline{r} = \underline{x}_P - \underline{x}_Q$
$$r = \left((x_P - x_Q)^2 + (y_P - y_Q)^2 \right)^{1/2}$$

Geschwindigkeiten im Aufpunkt: $v_{xP} = v \sin(\alpha)$ und $v_{yP} = v \cos(\alpha)$

mit: $\sin(\alpha) = (y_P - y_Q)/r$ und $\cos(\alpha) = (x_P - x_Q)/r$

$$v_{xP} = v \sin(\alpha) = \Gamma (y_P - y_Q) / 2\pi r \left((x_P - x_Q)^2 + (y_P - y_Q)^2 \right)$$
$$v_{yP} = v \cos(\alpha) = \Gamma (x_P - x_Q) / 2\pi r \left((x_P - x_Q)^2 + (y_P - y_Q)^2 \right)$$

Biot-Savart'sches Gesetz.   Ein Wirbelfaden mit der Zirkulation Γ induziert eine Strömung im umgebenden Raum mit der Geschwindigkeit $\underline{v}$. Hierzu führe ich eine differentielle Betrachtung für eine reibungsfreie, inkompressible Strömung durch. Wir sehen: Das gerichtete Wirbelelement der Länge ds auf dem Wirbelfaden mit der Zirkulation Γ, einen beliebigen Punkt P im Raum, einen Abstandsvektor $\underline{r}$ vom Wirbelelement ds zum Punkt P im Raum. Das Wirbelelement ds induziert eine differentielle Geschwindigkeit dv im Punkt P.

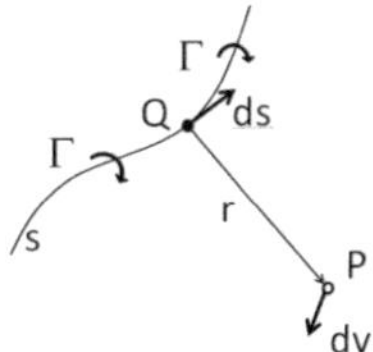

Das Biot-Savart'sches Gesetz[15] in differentieller Form: $\qquad dv = (\Gamma/4\pi) \cdot (ds \times \underline{r})/\underline{r}^3$

Für den besonderen Fall, dass der Vektor r orthonormal auf der (theoretisch unendlich langen und geraden) Linie S des Wirbelfadens steht und damit die Geschwindigkeit dv im Punkt P in einem nunmehr senkrechten Abstand zum Wirbelfaden-element induziert wird, liefert die Integration des Biot-Savart'schen Gesetzes aus der differentieller Form die einfache Beziehung

$$v = \Gamma/2\pi\underline{r}$$

die exakt mit dem Ergebnis für einen punktuellen Wirbel in einer zweidimensionalen Strömung übereinstimmt. Der Wirbelfaden der aus dem Randwirbel generiert wird, mit der Zirkulation:

$$\Gamma = F(ca, v, t)$$
$$\text{aus} \qquad \Gamma = \tfrac{1}{2} c_L v t$$

kann man nun die induzierte Geschwindigkeit ermitteln:

$$v_{induziert} = \Gamma/2\pi\underline{r} = \tfrac{1}{2} c_L v_{anström} t / 2\pi\underline{r} = c_L v_{anström} t /4\pi\underline{r}$$

Zur Induktionswirkung eines Wirbelfadenelements. Ziel ist nun die Beschreibung des Zusammenhangs der Geschwindigkeit $\underline{v}$ in einem Aufpunkt P, also $v(x_P)$ des Geschwindigkeitsfeldes und der Wirbelstärke $\underline{\Omega}(x_Q)$ in allen Quellpunkten eines Strömungsfeldes. Dazu wird ein Wirbelröhrenelement (infinitisimal kleines Wirbelfadenelement) auf seine Induktionswirkung auf das Strömungsfeld untersucht.
Das Fluid sei inkompressibel und das Wirbelröhrenelement habe die Länge $d\underline{x}$, den Querschnitt $d\underline{A}$ und das Volumen $d\underline{V} = d\underline{A} \cdot d\underline{x}$. Die

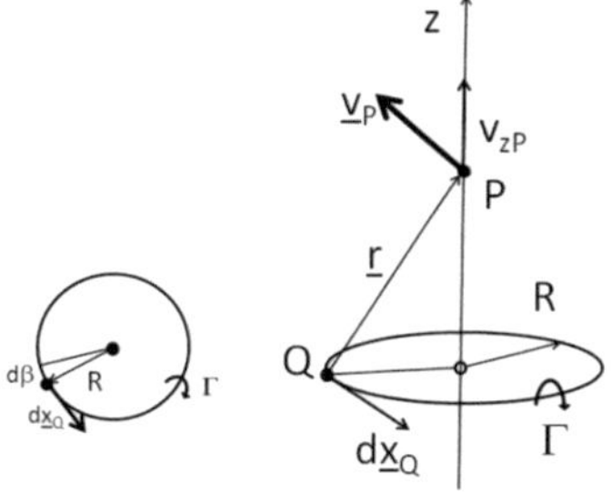

Länge $d\underline{x}$ und der Querschnitt $d\underline{A}$ sollen parallel zur Wirbelstärke $\underline{\Omega}$ im Quellpunkt Q der Strömung sein. Letztlich betrachte ich eine elementare Vereinfachung des Wirbelspulen-effektes auf einen Ringwirbelfaden.

Ein Ringwirbelfaden habe eine konstante Zirkulation Γ. Gesucht ist die in der Achse des Ringwirbels induzierte Geschwindigkeit. Auf der Achse des Ringwirbels ist aus Symmetriegründen nur die Z-Komponente der Vektors $\{v_{xP},\ v_{yP},\ v_{zP}\}$ der induzierten Geschwindigkeit $\underline{v}$ ungleich Null. Die von einem Wirbelfadenelement an einem beliebigen Aufpunkt im Strömungsfeld induzierte Geschwindigkeit $\underline{v}$ ist proportional der Wirbelstärke $\underline{\Omega}$ und dem Volumen des Wirbelfadenelements also:

---

[15] Das Biot-Savart-Gesetz stellt (in der Elektrodynamik) einen Zusammenhang zwischen der magnetischen Feldstärke und der elektrischen Stromdichte her und erlaubt die räumliche Berechnung magnetischer Feldstärkenverteilungen anhand der Kenntnis der räumlichen Stromverteilungen. Meistens wird das Gesetz als Beziehung zwischen der magnetischen Flussdichte und der elektrischen Stromdichte behandelt.

$$dv \sim \Omega \, dV$$

Die Richtung der induzierten Geschwindigkeit $\underline{v}$ steht senkrecht auf den Vektoren $\underline{\Omega}$ und $\underline{r}$

$$dv \sim \underline{\Omega} \times \underline{r}$$

Für einen Volumenstrom durch eine beliebige Fläche gilt immer $V = \int \underline{v} \, d\underline{A}$ und längs einer beliebigen geschlossenen Kurve gilt immer $\Gamma = \int \underline{\Omega} \, d\underline{A}$.

$$\Gamma = \int \underline{v} \, dx = \int \underline{\Omega} \, d\underline{A}$$

Die Geschwindigkeit, die ein Element des Ringwirbelfadens im Aufpunkt P induziert ist gegeben mit

$$d\underline{v}(x_P, t) = (\Gamma / 4 \cdot \pi) \, (d\underline{x}_Q \times \underline{r}) / r^3$$

$$\underline{v}(x_P, t) = (\Gamma / 4 \cdot \pi) \int (d\underline{x}_Q \times \underline{r}) / r^3$$

Der Beitrag dieser Geschwindigkeit zu Z-Komponente v_{zP} des Geschwindigkeitsvektors $\underline{v}$ ist:

$$dv_{zP} = dv \cdot \cos(a)$$

mit $\cos(a) = R / (R^2 + z^2)^{1/2}$ ist die Z-Komponente v_{zP} des Geschwindigkeitsvektors:

$$v_{zP} = dv \cdot \cos(a) \quad = (\Gamma / 4 \cdot \pi) \cdot (R / (R^2 + z^2)^{1/2}) \cdot (d\underline{x}_Q \times \underline{r}) / r^3$$

mit $(d\underline{x}_Q \times \underline{r}) = r \cdot d\underline{x}_Q$ und $d\underline{x}_Q = R \cdot d\beta$ und $r = (R^2 + z^2)^{1/2}$ und der Integration über die Kreislinie $\{0 .. 2\pi\}$ folgt:

$$v_{zP} = (\Gamma / 2) \cdot (R^2 / (R^2 + z^2)^{3/2})$$

Damit ist eine Quantifizierung der von einer Windung einer „Wirbelspirale" ausgehenden Geschwindigkeitsinduktion gegeben.

Doppeldecker. Von rezenten messtechnischen Untersuchungen oder numerischen Simulationen fluidmechanisch wirksamer Doppeldeckertragflächen insbesondere vor dem Hintergrund zweier miteinander in Wechselwirkung tretenden, induzierten Randwirbel ist derzeit nichts bekannt. Ausgehend von einer überschaubaren „Labor-Konfiguration", bei der zwei Querkraft erzeugende endliche Tragflächen ein Doppeldeckersystem bilden sollte es gelingen, die hier postulierten Wirbelspulenphänomenologie experimentell oder simulatorisch nachzustellen und Parameterstudien zu betreiben mit dem Ziel, stimmige sowie begünstigende Tragflächengeometrien und Anströmbedingungen aufzufinden. Erfahrungen aus eigenen Experimenten die ich in den frühen 90er Jahren des vergangenen Jahrhunderts am Windkanal des Fachgebiets Bionik und Evolutionstechnik der Technischen Universität Berlin durchführte weisen darauf hin, dass – insbesondere bei (nur) zwei Randwirbel erzeugenden Arbeitstragflächen – mit möglichst homogen abfließenden Partialwirbeln gearbeitet werden muss. Bei kleinen Reynoldszahlen, Anstellwinkeln die sich in einem sicheren Bereich vor dem kritischen Stall-Winkel befinden und geometrisch gleichen Tragflügelpaaren, die hier explizit nur die Funktion des Erzeugenden-Systems möglichst leistungsfähiger Randwirbel erfüllen, führen nahezu zwangsläufig auf äußerst stabile synthetische Wirbelspulen. Grundsätzlich ermöglicht die Separation der signifikanten strömungsmechanischen Parameter eine Prozessführung, die auf eine Kontrolle durch Randwirbel induzierter Jetströmung zielt. Näheres ist der angegebenen Literatur zu entnehmen [Hau-03][Die-13-8]. Nun, Doppeldecker sind kein Labor und das Fliegen mit kleinen Reynolsdzahlen ist derzeit nicht populär, dennoch lassen sich Anwendungsfelder finden, bei denen die Randbedingungen für durch Randwirbel induzierte Jetströmungen stimmig sind und zu Innovationen führen, etwa im Yachtdesign [Die-14-4] oder auf dem Gebiet der Energiewandlung [Rech-90]. Für eine weitere und intensive Untersuchung durch Auftriebsgebaren generierter Wirbelspulenstrukturen spricht die Tatsache, dass Wirbel generell eine fluidmechanische Struktur darstellen, die Energie in hoher Effizienz wandelt. Dies wird gerade beim Querkraftbedingten Randwirbel auf dramatische Weise deutlich. Ist uns in der konventionellen Fluidmechanik und offenbar ganz besonders in der anwendungsorientierten Aeromechanik der durch Randwirbel generierte Verlust an mühsam aufgebrachter Antriebsleistung gewahr - der induzierte Widerstand nimmt bis zu zweidrittel des Gesamtwiderstands an – wird gerade deshalb offensichtlich, welch grandiosem Konzept fluidmechanischer Energiewandlung wir uns gegenübersehen. Natürlich werde ich mich an dieser Stelle einer Gestaltungsempfehlung, gerichtet an Flugzeugkonstrukteure enthalten, nicht jedoch ohne auf das verlockende Abenteuer zu verweisen, das die messtechnische und/oder simulationstechnische Untersuchung Wirbelspulen generierender Tragflächensysteme zukünftiger, aerodynamisch optimierter „Strömungstransporter" verspricht. Warum nicht in Doppeldeckerkonfiguration? Mich persönlich begeistert und motiviert darüber hinaus der Umstand, dass die oben angeführte Phänomenologie der strömungsmechanischen Wirbelspule und die daraus resultierende Jetströmung in Fluiden allgemein gilt und damit auch für maritime Technik taugt.

Weiterführende Literatur und Bibliographie

[Abbo-59]   Ira H. Abbott, Albert E. von Doenhoff; (1959) Theory of Wing Sections: Including a Summary of Airfoil Data. Dover Publications, New York

[Betz-12]   Betz, A. ; (1912), Ein Beitrag zur Erklärung des Segelfluges. Zeitschrift für Flugtechnik u. Motorluftschifffahrt 3 (1912)

[Bos-27]   Bose, N., K., Prandtl, L. (1927). Beiträge zur Aerodynamik des Doppeldeckers. In: ZAMM, Bd. 7, 1927, Heft 1, S. 1 -9.

[Die14-4]   Dienst, Mi.(2014) Vortex coil effect-use rig for sailing surfboards. In: Transactions in Bionic Patents, Vol.: 08. GRIN-Verlag GmbH München, ISBN (e-Book): 978-3-656-70477-5

[Die13-8]   Dienst, Mi.(2013). Beitrag zur Phänomenologie der fluidmechanischen Wirbelspirale. GRIN-Verlag GmbH München, ISBN (Buch): 978-3-656-55394-6.

[Hau-03]   Hau, E. (2003): Bauformen von Windkraftanlagen. In: Windkraftanlagen, Springer Berlin, Heidelberg, S. 65-78. ISBN: 978-3-662-10949-6.

[Katz-01]   Katz, J. Plotkin, A. (2001) Low-Speed Aerodynamics (Cambridge Aerospace Series) Cambridge University Press; 2 edition

[Mart-65]   Martynov, A. K.,(1965) Practical Aerodynamics, Pergamon Press.

[Pra-19]   Prandtl, L. (1919) Merhdeckertheorie. In: Nachrichten der k. Ges. d. Wisssenschaften zu Göttingen. 1919, S. 107-137.

[Rech-90]   Rechenberg, I. (1990): BERWIAN: Entwicklung, Bau und Betrieb einer neuartigen Windkraftanlage mit Wirbelschrauben-Konzentrator ; Phase 2 ; Abschlussbericht; Contract BMFT-FV 032 8412B. FG Bionik und Evolutionstechnik, Technische Universität Berlin.

[Schl-67]   Schlichting, H., Truckenbrot, E. (1967) Aerodynamik des Flugzeuges, Band 1, Springer Verlag

[Schl-00]   Schlichting, H. (2000) Boundary-Layer Theory, Springer ISBN 3540662707

Epilog: Der Arbeitstitel dieses Aufsatzes lautete anfangs "Pitts Special Secrets". Aber: Wie immer linst meine große Liebe gelegentlich auf das abendliche Manuskript-Gekritzel. Dieser Blick über die Schulter ist mir natürlich wichtig. „Ich lese da laufend nur Doppel-D?" sagt sie, und: „Hast Du in Deinem Leben nicht schon genug Unsinn verzapft?" Daran besteht kein Zweifel. So also der vernünftige Titel: Phänomenologie der strömungsmechanischen … bla, bla, blubb.